Alfred Maury

Le Monde alpestre et les hautes régions du globe

Le savoir
en poche

ISBN : 978-1548272630

10 9 8 7 6 5 4 3 2 1

Alfred Maury

Le Monde alpestre et les hautes régions du globe

Le savoir en poche

Table de Matières

Introduction

Les hautes régions de l'atmosphère éveillent au plus haut degré notre curiosité. Quoique nous nous efforcions par l'induction et le calcul d'en découvrir la constitution et d'en saisir les phénomènes, elles demeurent encore environnées pour nous de bien des mystères. Nous gravissons les montagnes, nous nous élevons en ballon, nous braquons nos télescopes sur les corps célestes, et nous inventons mille instruments pour constater les moindres effets produits par les agents physiques dans l'espace qui nous en sépare. Les lieux élevés ont pour nous un attrait particulier. Fatigués de rencontrer sans cesse sur le globe la trace de l'homme et les œuvres de ses mains, nous recherchons les régions où il n'a point encore pénétré, où la nature reste vierge et garde la physionomie des âges géologiques qui précédèrent le nôtre. Il règne sur les hauts sommets un silence, un calme apparent, une fraîcheur et comme un parfum d'éternité qui nous rapprochent pour ainsi dire des conditions de l'espace infini et nous font planer au-dessus des agitations et des misères du sol habité. La Bible nous représente Moïse gravissant le Sinaï pour y converser avec Dieu et recevoir directement ses volontés ; c'est l'image des impressions produites sur nous par les lieux élevés. Nous nous trouvons en effet sur la cime des monts face à face avec la Divinité ; l'homme n'étant plus là pour déranger, selon ses besoins et ses caprices, l'ordre primitif des choses, les lois physiques nous apparaissent dans toute leur grandeur et leur généralité.

Plus la société est vieillie, plus notre existence journalière devient mondaine et factice, plus nous ressentons de charme à remonter ainsi des plaines et des vallées où sont construites nos villes, où nous retiennent nos occupations habituelles, au sommet de ces pics élancés, de ces montagnes imposantes et escarpées que tout isole de nous. De là un goût pour les régions alpestres, qui ne fait que s'accroître à mesure que les facilités de communication nous amènent plus vite à leur pied. Les ascensions qu'on aurait regardées, il y a cent ans, comme les plus périlleuses et les plus impraticables sont devenues la récréation de nombreux touristes. On rencontre maintenant une foule de voyageurs qui se sont transportés au sommet du Mont-Blanc, et des femmes accomplissent par plaisir ce qu'exécutait à si grand'peine au siècle dernier le naturaliste Saussure par dévouement pour la science. On fait de longues marches sur les glaciers dont on se bornait jadis à reconnaître les bords. On veut passer partout où a pu pénétrer le chasseur à la poursuite du chamois. Toutefois, si une vaine ostentation de témérité pousse la plupart des voyageurs dans des régions longtemps inexplorées, d'autres sont conduits par un mobile plus noble, la curiosité scientifique. Grâce à leurs observations, on connaît aujourd'hui bien mieux les hautes régions de l'atmosphère, et on se représente avec plus d'exactitude les phénomènes, qui s'y produisent.

Il s'est fait de la sorte toute une physique atmosphérique qui agrandit et complète celle qu'on pourrait appeler purement terrestre. En s'élevant au-dessus des causes de perturbation locale et des variations accidentelles, on a pu saisir quelques-unes des lois qui régissent l'atmosphère prise dans son ensemble, et qui sont indépendantes du relief de nos continents, de la distribution de nos cultures, de la répartition de la population. C'est sur ces résultats que nous voulons appeler l'attention. L'atmosphère est une image du globe dans son premier état, alors qu'il se réduisait à une masse de gaz et de vapeur ; il est donc important d'en étudier les conditions fondamentales pour reconstruire les origines de notre planète.

Section I

L'air dont le globe est environné de toutes parts pèse sur le sol et sur tout ce qui y croît et vit ; les couches accumulées de l'air constituent comme un ensemble de sphères concentriques dont la terre forme le noyau. Plus nous nous élevons, plus l'air devient léger et rare, puisqu'il a moins de couches supérieures au-dessus de lui, et la limite qui est assignée à nos ascensions est celle même au-delà de laquelle on ne trouve plus suffisamment d'air pour respirer. Le baromètre permet d'apprécier le poids de l'atmosphère, mesuré par l'élévation de la colonne de mercure. À chaque étage que l'on franchit, on a une couche d'air de moins à supporter ; mais les indications barométriques ne changent pas seulement à mesure qu'on s'élève, elles subissent en un même lieu de nombreuses variations par suite de modifications accidentelles dans la constitution, la force élastique et la densité de l'air. Ces changements se lient à tout l'ensemble des actions calorifiques et mécaniques qui se passent dans l'atmosphère. Il y a des variations générales, il y en a de particulières. Il existe pour chaque saison, pour chaque mois, pour chaque jour, des *maxima* et des *minima* qui reparaissent avec assez de régularité, et de la comparaison desquels on tire des moyennes propres à résumer l'état atmosphérique d'un jour, d'un mois ou d'une année.

Quand on observe le baromètre sous les tropiques, on reconnaît qu'il monte et descend périodiquement, deux fois en vingt-quatre heures. Ces variations n'excèdent guère du reste 2 ou 3 millimètres sur l'échelle qui les mesure. Plus on s'avance vers les pôles, plus elles s'affaiblissent, dissimulées par des perturbations accidentelles, et ce n'est qu'en prenant des moyennes de quinze jours, ou même d'un mois, qu'on peut en retrouver la trace. Enfin elles deviennent presque inappréciables au-delà du 70° degré de latitude et sont nulles au pôle.

L'atmosphère a donc, comme l'océan, des agitations périodiques, des élévations et des abaissements, de véritables marées, ainsi que le remarque judicieusement un observateur italien, M. P. Lioy. Le matin et le soir se manifestent dans les indications barométriques un maximum et un minimum dont le moment précis varie suivant les lieux et les saisons. Entre l'équateur et le 60e degré de latitude nord, le baromètre baisse de midi à trois ou cinq heures, et atteint un premier minimum ; il remonte ensuite, et accuse un premier maximum entre neuf et onze heures du soir. Il reprend alors sa course descendante, et son second minimum tombe vers quatre heures du matin, après quoi l'ascension recommence, et un second maximum est indiqué vers dix heures. Toutefois les hauteurs et les abaissements de cette marée atmosphérique ne se correspondent point exactement dans la période d'une journée : l'accroissement du soir est bien moins marqué que celui du matin, qui en représente environ le quadruple, tandis que la diminution du soir est double de celle du matin. Il suit de là que la plus grande différence entre deux indications d'un même jour est celle qu'on obtient en retranchant le minimum du soir du maximum du matin ; c'est ce qu'on appelle la *grande période*. C'est elle qu'il est important de noter pour connaître chaque jour la plus forte amplitude des oscillations du baromètre.

On vient de voir que le chiffre de la *grande période* décroît à mesure que l'on remonte l'échelle des latitudes. Si l'on gravit une montagne jusqu'au sommet le plus élevé, on observe une pareille diminution dans la marche oscillante du baromètre, ainsi que l'ont montré des observations faites en différentes villes de Suisse d'altitude inégale, au Rigi, au Faulhorn. Le fait s'explique du reste aisément. Plus on s'élève, plus les oppositions de température entre le jour et la nuit s'amoindrissent, plus le poids de la colonne d'air diminue, moins par conséquent la différence entre deux de ces poids doit être grande. Ainsi les montagnes offrent, à mesure qu'on se transporte dans des stations de plus en plus élevées, un rapport chaque fois plus marqué avec les contrées qui avoisinent le pôle. L'air dont les hautes cimes sont environnées est soumis à des conditions analogues à celles que présente l'air à des latitudes, fort éloignées de l'équateur. En marchant vers le pôle comme en s'élevant dans l'atmosphère suivant la verticale, on se rapproche de plus en plus d'un milieu où les causes nombreuses de variations qui se produisent à la surface du sol tendent à disparaître.

La ressemblance ne s'arrête point à l'état barométrique ; elle se manifeste aussi pour la température. Dans les hautes régions en effet, les inégalités que l'on constate pour les régions basses dans la distribution de la chaleur s'effacent graduellement. On représente cette distribution sur le globe par des lignes qui réunissent tous les points d'égale température annuelle moyenne ; c'est ce que l'on appelle les lignes isothermes. Si la chaleur se distribuait uniquement en raison de la position des diverses contrées de la terre par rapport au soleil, les lignes isothermes coïncideraient avec les cercles de latitude ou parallèles. Il n'en est rien, et la distribution des lignes isothermes présente de nombreuses irrégularités, des inflexions et des contournements dépendant d'une foule de causes locales ; mais si l'on s'éloigne du niveau des mers, si l'on ne considère que des régions élevées, on voit ces grandes irrégularités s'atténuer, souvent même disparaître, et les lignes isothermes tendent de plus en plus à se confondre avec les parallèles. Non-seulement cette première uniformité se manifeste, mais la répartition de la chaleur pendant le cours de l'année devient plus égale. Pour des mois consécutifs, entre lesquels on saisit, quand on observe le thermomètre dans les régions basses, des différences de température moyenne assez prononcées, ces différences s'atténuent notablement, si l'observation se fait sur de hautes cimes. C'est ce qu'on remarque par exemple en comparant janvier et février, ou juillet et août.

Si les différences d'un mois à l'autre deviennent moins fortes, par contre la décroissance de la température, à mesure qu'on s'élève, s'opère plus rapidement. Cette décroissance ne suit pas une progression régulière, ainsi qu'on l'avait d'abord supposé ; elle varie en outre selon la latitude, la saison et l'heure du jour ; elle est plus forte en été qu'en hiver, plus sensible l'après-midi que le matin. Si l'on prend l'ensemble de tous les degrés de l'échelle des altitudes, on trouve sans doute que l'abaissement d'un degré du thermomètre correspond en moyenne à une élévation de 166 mètres ; mais ne considère-t-on les altitudes qu'à partir de 2,000 ou 2,300 mètres, le même abaissement du thermomètre ne représente plus qu'une élévation de 156 mètres, c'est-à-dire qu'en général, au-delà de la limite de la végétation, la température décroît en hauteur beaucoup plus vite. On atteint de la sorte des régions prodigieusement froides où les variations ne s'opèrent plus qu'entre des extrêmes assez rapprochés. Sur les cimes des Alpes les plus élevées, on a trouvé, pour la moyenne d'une année, de 13 à 15 degrés au-dessous de zéro. Ces régions, les plus hautes de la Suisse, correspondent donc au 70e parallèle de latitude ; mais, placées plus à l'abri des influences du sol, elles offrent des irrégularités encore moins prononcées que les contrées subarctiques. La température minimum de leur hiver est notablement supérieure à celle d'un grand nombre de points de la zone glaciale, et la température maximum de leur été est plus basse que celle de la majeure partie des localités placées à de hautes latitudes. De même les extrêmes de chaque jour se rapprochent ; le maximum absolu de chaleur des plus hautes montagnes des Alpes dépasse à peine 5 ou 6 degrés centigrades. Tels sont les résultats obtenus par MM. Hermann et Adolphe Schlagintweit, ces hardis explorateurs des hautes régions du globe, qui sont allés continuer aux sommets de l'Himalaya les recherches commencées en 1847 dans la Suisse, et dont l'un a récemment péri victime de son dévouement à la science. Variations du baromètre et du thermomètre rappellent donc sur les hauteurs les plus escarpées des Alpes ce qui se passe dans les parties les plus froides de la zone glaciale, sans qu'il faille toutefois conclure à l'identité absolue de la physique atmosphérique des grandes montagnes avec celle des contrées polaires.

Il y a des lignes isobarométriques comme il y a des lignes isothermes ; elles servent à unir les points du globe où l'amplitude moyenne des oscillations du baromètre, déduite des extrêmes de chaque mois, est la même. Si l'on trace sur la sphère la succession de ces lignes graduées par une différence de 4 ou 5 millimètres dans l'élévation du mercure, on voit qu'elles se distribuent à peu près comme les latitudes. Les différences entre le maximum et le minimum moyens du mois vont en croissant à mesure que l'on s'éloigne de l'équateur. Cette distribution des lignes isobarométriques est la conséquence de celle des températures, car les changements de poids de l'atmosphère sont étroitement liés aux effets de la chaleur. Plus on s'élève en latitude, plus les variations de température sont prononcées et fréquentes, plus par conséquent l'amplitude des oscillations barométriques doit augmenter.

On a vu qu'au sommet des montagnes les extrêmes de température vont en se rapprochant, ce qui fait qu'à mesure qu'on s'élève, on redescend en réalité l'échelle des lignes isobarométriques, et la gradation dans le sens vertical, au lieu de reproduire la succession des étages qui conduisent au pôle, ramène vers l'équateur. Ainsi, dans les hautes régions de l'air, la pression atmosphérique, de même que la température, ne doit plus offrir de variations bien sensibles en dehors des causes accidentelles de perturbation ; mais, ainsi que l'ont constaté MM. Schlagintweit, jusqu'à une altitude d'environ 3,800 mètres, les variations du baromètre sont encore très prononcées.

Dans l'étude des mouvements réguliers de l'atmosphère et des changemens de pression, il est nécessaire de tenir compte d'une foule d'anomalies locales qui masquent momentanément l'intervention des lois naturelles. En voici un exemple. Les deux observateurs que je viens de nommer se sont aperçus qu'au sommet de certains pics, ou sur le versant escarpé d'un plateau, le baromètre accusait quelquefois un maximum à l'heure même où un autre baromètre marquait un minimum dans la vallée inférieure. Ce fait se produit assez fréquemment dans les Alpes entre deux et quatre heures de l'après-midi, à l'époque périodique où le baromètre atteint vers ce moment du jour son degré le plus bas. MM. Schlagintweit ont bien vite saisi la cause de cette anomalie. Dans la vallée, entre deux et quatre heures, le sol est échauffé par les rayons du soleil qu'il reçoit depuis le matin, la température s'élève, l'air devient moins dense et plus sec, le baromètre baisse ; mais sur un versant qu'avoisine un glacier, source continue de froid, sur un pic isolé qui perd à chaque instant par le rayonnement la chaleur que lui envoie le soleil, l'atmosphère ne parvient pas à se réchauffer, et la température décroît ; l'air s'épaissit et pèse davantage sur le baromètre, dont il détermine l'élévation. Il existe donc des accidents locaux pour les marées atmosphériques comme pour les marées océaniques. Seules, les causes qui tiennent aux lois générales par lesquelles est régie l'atmosphère se retrouvent partout les mêmes, et l'altitude n'exerce à cet égard aucune influence particulière. Les hautes régions de l'air, comme les couches les plus basses, ne sauraient se soustraire à l'action de la marche annuelle du soleil. Les tableaux numériques dressés par MM. Schlagintweit montrent que, si l'on observe deux jours de suite à la même heure, pendant différents mois, les hauteurs moyennes du baromètre, on obtient des chiffres sur lesquels l'altitude du lieu d'observation n'a aucune influence. C'est ce que Humboldt avait déjà constaté en Amérique.

Quant aux variations, du baromètre suivant les saisons, la marche reparaît à peu près la même, pourvu qu'on prenne soin de défalquer des chiffres obtenus les nombres qui représentent la pression de la vapeur dans l'air. Cette pression vient s'ajouter à celle de l'atmosphère proprement dite, et en contrarie les mouvements périodiques. Pour qu'il y ait comparabilité entre les résultats fournis pour chaque mois, il faut ramener les hauteurs barométriques à celles de l'air sec correspondantes. Alors se montre l'influence exclusive de la marche du soleil sur la masse gazeuse qui nous enveloppe.

Dès qu'au printemps les jours deviennent plus longs, le minimum de température du matin a lieu plus tôt, et le minimum barométrique se rapproche de minuit. En été, alors que les différences de température sont plus prononcées, la variation diurne devient aussi plus forte. On a reconnu depuis longtemps déjà que la pression atmosphérique diminue à mesure que le soleil approche du zénith. Léopold de Buch l'a constaté le premier, et l'un des plus célèbres physiciens de Berlin, Dove, a pris ce fait comme point de départ d'intéressantes recherches. Dans nos climats, la hauteur du baromètre diminue à partir du mois de janvier et augmente généralement à partir de novembre. La colonne de mercure se maintient l'hiver et l'été à une hauteur moyenne plus grande qu'en automne et au printemps. On observe dans l'année deux *minima*, l'un en avril et l'autre en novembre. MM. Schlagintweit ont pu s'assurer dans les Alpes que cette marche annuelle se reproduit au sommet des montagnes comme dans nos plaines ; mais il est à noter, ainsi que je le faisais tout à l'heure, que la hauteur de la colonne barométrique ne dépend pas seulement du poids intrinsèque des couches d'air, qu'elle est aussi subordonnée à la quantité de vapeur d'eau répandue dans l'atmosphère. Il n'y a pas pour ainsi dire d'air sec à la surface de la terre ; une certaine quantité de vapeur s'y trouve toujours contenue. Dès que, par l'effet du vent ou de la température, l'air sèche, autrement dit vient à perdre une certaine quantité de vapeur, il s'en forme de nouvelles quantités aux dépens des êtres organisés, dont les fonctions se trouvent ainsi troublées, — aux dépens du sol, qui perd toute son humidité et devient par cela même moins propre à la végétation. La composition de l'air en oxygène et en azote se montre sensiblement la même à quelque hauteur qu'on s'élève dans l'atmosphère ; c'est ce qu'a noté Gay-Lussac lors de son ascension en 1805 ; seule, la quantité d'acide carbonique varie assez notablement. MM. Schlagintweit ont observé jusqu'à 10,300 pieds une diminution progressive de ce gaz, et ils sont portés à croire qu'on approche ainsi peu à peu d'un chiffre constant, alors que l'absence de toute végétation et de causes particulières dues à la disposition des montagnes ne permet plus de ces variations qui masquent les lois générales. Il en est tout autrement pour la vapeur : la quantité que l'air en contient change sur les hauteurs d'une manière notable et affecte naturellement les indications barométriques.

En tenant compte de la présence de cette vapeur dans l'air pour le calcul de la pression atmosphérique, on reconnaît que la vapeur diminue sensiblement quand on passe de la saison froide à la saison chaude. C'est le fait le plus général à de faibles altitudes ; sur les Alpes, MM. Schlagintweit ont obtenu parfois des résultats inverses, et une augmentation de pression est devenue sensible pendant l'été. La cause en est due à des influences spéciales nées de la configuration du sol, au plus grand échauffement que subissent les couches de l'air dans les lieux bas. Au reste, les différences de pression barométrique des deux saisons froide et chaude diminuent à mesure qu'on s'éloigne de l'équateur, et aux latitudes élevées le minimum de l'été ne diffère du maximum de l'hiver que d'un petit nombre de millimètres.

Ce fait que la hauteur barométrique est moindre en été qu'en hiver démontre, ainsi que l'a observé le météorologiste Kaemtz, les mouvements de l'océan aérien sur toute la surface du globe. À l'époque des équinoxes, où la température est égale à la moyenne thermométrique annuelle, on observe partout la pression moyenne de l'air sec. Le soleil s'avance-t-il vers l'hémisphère boréal, celui-ci s'échauffe, tandis que l'hémisphère opposé se refroidit. Il en résulte un écoulement de l'air de l'hémisphère septentrional vers l'hémisphère austral, et un déplacement des vents alizés vers le nord. Le baromètre se tient conséquemment plus bas dans l'hémisphère où règne l'été, et plus haut dans celui où règne l'hiver. Dans les pays qui se rapprochent davantage de la limite où cet échange a lieu, les différences sont plus marquées. La résistance que l'air éprouve à la surface de la terre rend ces effets moins appréciables dans les pays éloignés de la limite ; voilà pourquoi les différences entre la pression de l'air sec en été et en hiver sont plus petites vers les hautes latitudes que sous l'équateur. Ces observations nous montrent que l'étude de la pesanteur de l'air ne doit pas être séparée de celle de la distribution de la vapeur d'eau, de ce que les physiciens appellent l'état hygrométrique.

Rappelons, pour être mieux compris, quelques principes de physique élémentaire. L'air ne saurait recevoir une quantité indéfinie de vapeur, et le poids qu'il en peut absorber dépend de la température et de la pression à laquelle il est soumis. Plus il s'échauffe, plus il devient apte à contenir de la vapeur, car le calorique en écarte de plus en plus les molécules, et permet pour ainsi dire à la vapeur de s'y loger. De même, si la pression que supporte l'air diminué, la quantité de vapeur qu'il pourra recevoir ira en s'accroissant. Il existe donc pour chaque pression et chaque degré du thermomètre un certain poids de vapeur d'eau qui est le maximum de ce que peut absorber une étendue donnée de l'atmosphère, et qui en produit ce que l'on appelle la saturation. Si vous représentez par 100 l'air saturé, des chiffres moindres correspondront aux différents états hygrométriques ; ils indiqueront combien l'air s'éloigne de son point de saturation. Or les observations qui ont été faites montrent que les indications de l'hygromètre croissent avec l'altitude des lieux. L'air, à de grandes hauteurs, se trouve généralement dans un état plus voisin de la saturation que dans les plaines, ou, pour parler avec tout le monde, il est plus humide ; mais on ne tient point compte ici de la température : or plus celle-ci s'abaisse, moins il faut de vapeur pour saturer l'air. Si l'on ne mesure donc que la quantité réelle de vapeur contenue dans l'atmosphère, on trouve qu'à mesure qu'on s'élève, le poids de cette vapeur renfermée dans un espace donné est de plus en plus petit, en sorte que, bien que s'approchant de son point de saturation, l'air est en réalité plus sec.

Cette opposition entre l'état apparent et l'état réel constaté pour la vapeur se retrouve dans les mêmes régions, mais d'une manière inverse, pour la chaleur. On mesure les degrés de celle-ci au moyen du thermomètre ; mais on n'en évalue ainsi que la quantité relative. Tous les corps sous le même poids n'exigent pas une égale quantité de chaleur pour accuser la même température ; ils ont, comme disent les physiciens, des capacités calorifiques différentes, et ces capacités tiennent à leur constitution moléculaire. L'absorption de chaleur spécifique est d'autant plus petite que l'agrégation des molécules est plus grande. On conçoit donc que la capacité calorifique des gaz augmente avec la température et avec la diminution de la pression. Si l'air des hautes régions présentait le même état calorifique que l'air des lieux bas, un certain poids de ce dernier transporté aux grandes altitudes s'y dilaterait en donnant la même indication thermométrique que le même poids de l'air qui s'y trouve ordinairement répandu, ou, ce qui est l'équivalent, l'air des lieux bas, soumis à une pression égale à celle qui règne dans les régions élevées, ferait monter le thermomètre à la hauteur où il se tient dans ces régions. Or c'est ce qui n'a pas lieu, car l'air des plaines abaissé à la pression barométrique des hautes régions donne une température inférieure à celle qu'elles présentent : donc l'atmosphère des hautes régions, quoique à une température moindre que celle du sol, renferme à poids égal plus de chaleur que celle des lieux bas. Ainsi, tandis que la caloricité relative de l'air diminue, la caloricité absolue augmente, ce qui est l'inverse de ce qui se passe pour l'humidité.

Puisque l'air des hautes régions est plus près que celui des plaines de l'état de saturation, les pluies y doivent être plus fréquentes. Une fois l'air saturé, la plus légère augmentation de pression, le moindre abaissement de température détermine un excès de vapeur qui se précipite sous forme de pluie ; ce phénomène se produit encore si des vents viennent apporter à l'atmosphère déjà presque saturée une nouvelle masse de vapeur. Les Alpes sont la région de l'Europe qui reçoit la plus grande quantité de pluie ; il n'est aucune partie de cette chaîne où la moyenne annuelle de l'eau tombée ne présente un chiffre considérable. L'observation montre que ces pluies sont dues surtout au mélange en grande proportion de masses d'air chaud et froid. Si les Alpes agissaient comme un réfrigérant où viendrait se condenser la vapeur des vents qui soufflent sur leurs cimes, la température de ces montagnes devrait être plus basse que celle de l'air libre à la même hauteur au-dessus de la plaine ; c'est ce qui n'a pas lieu. Déjà les pics isolés fournissent à leur sommet des indications thermométriques moindres que celles de plateaux ou de massifs d'une plus grande altitude. Or, puisque sur les Alpes il tombe plus de pluie que dans la plaine, le phénomène ne saurait être attribué à l'effet condensateur des montagnes. La cause en est donc toute mécanique.

Quand une masse d'air qui se meut vient à rencontrer une masse d'air tranquille, elle s'y mêle en partie et l'entraîne dans son mouvement. Supposons qu'un vaste courant souffle du sud-ouest, il arrive chargé de vapeur ; atteint-il une cime autour de laquelle l'atmosphère est calme, l'air qu'il entraîne se verse dans l'air en repos. Toutefois, si rien n'entrave la marche du courant, sa température ne se communique que lentement à l'atmosphère qu'il arrache à son immobilité, et ce n'est qu'à la longue que la quantité de vapeur apportée peut déterminer le point de saturation et amener la pluie. Au contraire la disposition des montagnes oppose-t-elle une barrière aux vents, le mélange des deux masses d'air s'opère rapidement, et au bout de quelques instants la nouvelle quantité de vapeur suffit à la production de la pluie. Ce même air, qui dans la vallée circule librement, vient-il se heurter contre une chaîne, le moindre déplacement de la masse atmosphérique produira la formation d'ondées, et les inégalités de température dues aux accidents de terrain engendreront sans cesse des chocs entre des masses d'air inégalement chargées de vapeur.

Les luttes des diverses parties de l'atmosphère entre elles sont donc les révolutions qui agitent ces régions élevées, où de loin tout a l'apparence de l'immobilité et du repos. Après une nuit claire et sereine, les cimes se refroidissent par le rayonnement ; autour d'elles, la vapeur se condense, puis, à mesure que le soleil s'élève à l'horizon, un courant d'air ascendant s'établit, des vents horizontaux se produisent, et ces petits nuages, chassés peu à peu des pics qu'ils enveloppaient, vont se dissoudre dans l'atmosphère, tandis que de nouvelles vapeurs prennent leur place. Du fond de la vallée, l'œil ne saurait apercevoir ce transport continuel qu'accompagne fréquemment un vent assez vif. Il semble que les nuages demeurent immobiles, bien que leur alignement dénote la direction du vent ; mais si l'on gravit la montagne, on ne tarde pas à constater que ces couronnes nuageuses sont, comme bien d'autres couronnes, sans cesse exposées à des agitations.

Ainsi la vapeur d'eau, qui donne à l'atmosphère sa qualité respirable et sa force d'entretien pour la vie, est aussi la source principale de ses convulsions. Les couches d'air sont poussées à différentes hauteurs par des courans en sens contraire, qui tiennent à l'inégalité de la répartition de la chaleur, et qui se combattent toutes les fois qu'un mouvement violent imprimé à la masse atmosphérique n'assure pas la prédominance exclusive de l'un d'entre eux. Tandis que, dans les régions supérieures par exemple, un vent du sud pousse les nuages vers le nord avec une prodigieuse rapidité, d'autres nuages placés plus bas s'avancent lentement au midi. Toutefois le vent de la région supérieure finit par l'emporter ; mais il ne domine au fond des vallées qu'après des engagements partiels où il n'a pas toujours de prime abord l'avantage, qu'à la suite de rafales, de tourmentes et de tourbillons qui portent quelquefois la désolation et la ruine.

La disposition des chaînes de montagnes modifie d'ailleurs singulièrement la direction des courants de l'atmosphère. L'obstacle que leur opposent ces murailles naturelles amène fréquemment une déviation du vent, et celui-ci se réfléchit dans une direction opposée avec un redoublement d'énergie. L'agitation de l'atmosphère dans les régions montagneuses est un phénomène en quelque sorte normal. Le soir et la nuit, il s'établit des sommets dans la vallée un courant d'air descendant, parce que les parties basses se refroidissent plus vite que les parties élevées ; le jour, le courant change de sens et devient ascendant. C'est, comme on voit, quelque chose d'analogue à la brise qui règne sur les côtes. Le jour celle-ci vient de la mer, le soir elle souffle du rivage. De même que la brise du soir, le courant descendant des montagnes a plus de durée que le courant contraire. Ainsi l'atmosphère, qui a ses marées, présente aussi ses alternances diurnes de vents.

Chaque soir, l'abaissement de température, en amenant une plus grande condensation de la vapeur, fait descendre les nuages, et ceux-ci passent en s'abaissant par une série de formes et d'apparences qui varient à tout instant l'aspect du paysage. Les nuages sont des Protées dont il est difficile de décrire toutes les métamorphoses : les météorologistes ont cependant proposé une classification qui embrasse les apparences principales. Ils distinguent les *cirrus*, composés de filaments déliés, réunis comme les soies d'un pinceau ou mêlés comme les cheveux de notre tête ; les *cumulus*, amas hémisphériques qui prennent à l'horizon l'aspect de montagnes neigeuses ; les *stratus*, bandes horizontales qui tapissent souvent le firmament au coucher du soleil ; les *cirro-cumulus*, petits nuages arrondis, ordinairement distribués dans le ciel comme les moutons d'un troupeau et qui lui donnent une apparence pommelée. Chacune de ces différentes familles de nuages a sa région moyenne où on la voit le plus habituellement suspendue. Les forts amas de vapeur ne s'élèvent guère au-delà de 2,500 mètres, mais les *cirrus* atteignent de bien plus grandes hauteurs, et on les observe, ainsi que les *cirro-cumulus*, à des altitudes de 12,000 mètres.

Les amas de vapeur ne tendent pas seulement à modifier l'état de l'atmosphère, ils jouent un grand rôle dans les phénomènes optiques que présentent les hautes régions. L'absorption des rayons lumineux qui traversent les couches de l'air dépend du plus ou moins grand degré d'épaisseur de celles-ci. De légères variations à cet égard déterminent des décompositions différentes du spectre solaire ; en même temps que les couleurs varient, les objets s'offrent à nous plus ou moins éclairés. Apercevons-nous un de ces objets dont la dimension nous soit connue, une maison, un homme, un animal, alors que l'atmosphère des montagnes est d'une extrême transparence, il nous semble plus rapproché qu'il ne l'est en réalité, parce que notre œil en saisit nettement les diverses parties. Si nous n'avons pas à l'avance la notion de la grandeur exacte, l'illusion est différente ; la possibilité où nous nous trouvons de scruter les moindres détails de l'objet nous en dissimule la masse et nous le fait supposer plus petit qu'il n'est réellement ; l'erreur porte alors sur la grandeur et non sur la distance. Mais que tout à coup l'atmosphère s'épaississe, que des brouillards s'élèvent, les formes des montagnes ou des objets paraîtront alors plus lourdes et plus massives ; le nain prendra subitement les proportions d'un géant. Il est toutefois des moments où la transparence de l'atmosphère exagère la grosseur des objets. Que l'on contemple la chaîne des Alpes des plaines qui s'étendent à leur pied, soit au sud, soit au nord, quand le temps est humide et que la pluie s'apprête à tomber, l'air est clair, et cependant les montagnes semblent plus sombres et plus élevées. C'est qu'alors les traits du paysage ne se fondent pas dans un tout uniforme, et que les hauteurs tranchent fortement avec la vallée. Dans l'ordre physique comme dans l'ordre moral, les oppositions rendent plus sensibles les différences.

La transparence de l'atmosphère exerce aussi une influence marquée sur la faculté visuelle. Ordinairement la vapeur répandue dans l'air empêche la vue de s'étendre bien loin à l'horizon ; nous voyons naturellement mieux de bas en haut que de haut en bas. De plus, les objets placés par rapport à nous à une certaine profondeur prennent une teinte plus sombre et plus uniforme, et le contraste des couleurs n'en vient plus accroître la visibilité. L'observateur qui porte ses regards d'une cime élevée sur une autre cime, placée à quelques lieues de distance, se trouve dans des conditions bien plus favorables. La lumière n'a plus alors qu'à traverser de minces couches de l'atmosphère, et toutes les parties d'un objet, tous les détails du terrain peuvent être distingués. De là l'efficacité de ces signaux allumés sur les montagnes, et qui se répondent d'une cime à l'autre. Nos ancêtres, les Gaulois, se transmettaient ainsi, au dire de César, les nouvelles avec une rapidité presque télégraphique.

Si la transparence de l'atmosphère rend les objets plus visibles et en accuse mieux les contours, la présence des vapeurs engendre des effets lumineux dont la variété, aux grandes altitudes, ajoute singulièrement à la beauté du spectacle. Que l'observateur porte sa vue sur une de ces cimes éloignées dont il peut, grâce à la transparence de l'air, distinguer nettement les lignes, et que des vapeurs se répandent et s'éparpillent dans le vaste espace qui l'en sépare, le pic se colorera bientôt d'une couleur rouge tirant vers le pourpre, comme MM. Schlagintweit l'ont observé notamment en 1847, au Wildspitze. En d'autres circonstances, les nuages affectent des teintes diaprées et changeantes ou présentent des oppositions de tons qui se réfléchissent sur le sol. Tandis que les parties éclairées affectent une teinte bleu verdâtre, les ombres se colorent en brun roux. Si haut que soit le soleil au-dessus de l'horizon, la présence des vapeurs fait que les ombres sont encore accusées, et au sommet du Mont-Blanc ou du Mont-Rose, on peut en plein midi apercevoir les ombres des aiguilles montagneuses qui se projettent sur la neige. C'est que dans ces atmosphères froides les brouillards arrivent à un degré de condensation qui engendre des gouttelettes épaisses, qu'un refroidissement subit peut transformer en de petits cristaux de glace à travers lesquels les rayons solaires se réfractent de manière à donner naissance aux apparences colorées les plus diverses. Ce sont des causes de cet ordre qui produisent les anneaux colorés observés parfois à l'entour du soleil, et qu'on appelle des *couronnes* et des *halos*. Et ce n'est pas seulement à la lumière réfractée que sont dues ces nombreuses apparences : le soleil se réfléchit aussi dans les cristaux de glace flottante que l'atmosphère tient en suspension. Dans un voyage aérostatique accompli le 27 juillet 1850, MM. Barral et Bixio ont vu le soleil se réfléchir au-dessous d'eux sur l'atmosphère vaporeuse, comme il l'aurait fait à la surface des eaux.

Un physicien français qui a fait l'ascension du Mont-Blanc, M. Bravais, a observé qu'aux grandes altitudes certaines teintes crépusculaires sont beaucoup plus visibles ; on aperçoit souvent après le coucher du soleil, à la suite du crépuscule, une teinte rose bien tranchée qui reste inaperçue pour la plaine et illumine le ciel à l'occident, vers le tiers de sa hauteur. Par contre, l'illumination au zénith est moins marquée dans ces hautes régions. À l'ombre, on a de la difficulté à distinguer des divisions de quelque finesse. La lune éclaire faiblement le firmament, et quand elle est dans son plein, c'est à peine si son éclat fait disparaître les étoiles de sixième grandeur dans la région du ciel opposée à l'astre.

Si les phénomènes lumineux du matin et du soir prennent dans les régions élevées un caractère de grandeur et de variété qui leur donne un attrait particulier, les phénomènes astronomiques s'y montrent aussi avec infiniment plus d'éclat. Le 8 juillet 1842, MM. Agassiz et Desor observèrent au sommet du Grimsel une éclipse de soleil. Jusqu'au milieu du phénomène, aucun changement optique particulier ne s'était produit ; mais quand l'éclipse eut envahi les trois quarts du disque solaire, le phénomène le plus imposant se produisit. La teinte des glaciers et de la mer de glace à l'opposite du soleil pâlit insensiblement ; cette pâleur croissait avec l'éclipse, et la neige prenait l'apparence livide qu'elle a souvent le soir quand les Alpes se colorent. Bientôt, l'occultation du soleil étant près d'atteindre son maximum, une teinte bleuâtre et mate se répandit sur les glaciers ;

les nuages qui planaient sur la vallée au nord-est prirent une couleur verdâtre ; les petits filets d'eau et les flots d'un lac que les voyageurs apercevaient à leurs pieds du côté de l'est semblaient dorés comme par un beau clair de lune. « Nous étions, écrit M. Desor, pour ainsi dire entourés d'un crépuscule transparent. »

Quels ne doivent pas être dans les hautes montagnes de la Scandinavie les effets de l'apparition des aurores boréales, phénomène dû lui-même, ainsi que vient de le montrer un physicien célèbre, M. Auguste de Larive, à l'accumulation dans le haut de l'atmosphère de particules de glace ? Ces aurores boréales sont les précurseurs des chutes de neige, de grêle ou de pluie ; ils sont dus au concours du calorique, de l'électricité atmosphérique et du magnétisme terrestre, en sorte que, soit dit en passant, l'aurore boréale qu'on a pu observer dans la nuit du 9 au 10 avril 1860 est le symptôme d'un printemps froid ou pluvieux. Il est à regretter que MM. Schlagintweit n'aient pu compléter dans les Alpes Scandinaves les belles observations qu'ils avaient faites en Suisse ; elles eussent sans doute apporté de nouvelles preuves en faveur de la théorie de l'illustre physicien genevois.

Section II

La vie est intimement liée au sol ; l'oiseau même qui s'élance dans les airs est obligé de redescendre sans cesse pour chercher sa nourriture. De tous les mammifères, l'homme seul a la témérité de s'aventurer dans les airs, grâce à l'invention des aérostats ; seul il peut, comme Gay-Lussac en 1805, se suspendre dans l'atmosphère à une altitude de plus de 7,000 mètres. Encore le froid intense qui se produit souvent à ces prodigieuses élévations l'empêche-t-il de résister longtemps à des conditions qui ne sont pas faites pour la vie. S'il n'est pas possible de retrouver si haut les dernières manifestations de la vie animale ou végétale, il est encore intéressant de suivre, en gravissant les montagnes, la progression décroissante de la faune et de la flore, de voir par quelles transformations passent la végétation et la nature animale avant de s'éteindre.

Entre les conditions atmosphériques nécessaires aux êtres organisés, c'est la température qui joue le principal rôle. La pression ne semble exercer presque aucune influence. De Candolle a démontré jadis que la hauteur absolue n'agit nullement sur les fonctions des feuilles, sur la circulation de la sève. Il y a des milliers d'espèces qui se rencontrent à des élévations très diverses, soit dans des chaînes différentes, soit sur certaines montagnes : excepté pour un petit nombre de plantes propres à telle ou telle région montagneuse, comme il y en a de propres à certaines îles et à certaines localités dans les plaines, on peut, écrit le fils du célèbre botaniste, dire que tel est le fait général. La culture des plantes alpines dans les jardins le démontre également, puisqu'il est aisé de conserver les espèces en plaine quand les conditions de température et d'humidité sont convenables. Nos céréales s'arrêtent à une certaine hauteur en Europe, mais la rareté de l'air n'y est pour rien, attendu qu'on les voit prospérer sur les plateaux de l'Amérique méridionale à une bien plus grande élévation.

La chaleur et l'humidité, telles sont les deux causes principales qui président pour l'altitude à la distribution des végétaux. Il y a longtemps qu'on a remarqué l'analogie des différents étages d'une montagne élevée et des latitudes. Faire l'ascension du Mont-Blanc équivaut à un voyage en Laponie. La limite de la végétation est nécessairement subordonnée à celle des neiges perpétuelles, et le point d'élévation où commencent ces neiges dépend de la température moyenne annuelle de la contrée. Dans les Andes, il atteint 4,900 mètres ; sur le versant méridional de l'Himalaya, 5,100 mètres ; en Suisse, environ 2,550 mètres, et au 65e degré de latitude, il s'abaisse à 1,500 mètres.

La sécheresse des régions élevées et l'ardeur du soleil à de grandes hauteurs produisent quelquefois les mêmes effets qu'une persistance trop prolongée des froids rigoureux : bien des espèces sont arrêtées dans leur propagation en hauteur par une cause inverse de celle qui frappe de mort la majorité des végétaux au sommet des montagnes. Toutefois on ne saurait regarder les neiges perpétuelles comme un obstacle infranchissable à la vie végétale. Quelques plantes, en très petit nombre, il est vrai, dépassent encore la région neigeuse. Dans les Andes, un saxifrage, qui porte le nom du célèbre voyageur et chimiste Boussingault, se montre sur les rochers à 200 mètres plus haut que les éternels frimas. Dans les Alpes, au Mont-Rose, au Mont-Blanc, ce n'est qu'à 6 ou 700 mètres au-dessus de la ligne des neiges que toute végétation cotylédonée a disparu. Jusque-là, de rares saxifrages, une gentiane, une renoncule, un chrysanthème, élèvent de quelques centimètres leur tige amaigrie. À l'entour des glaciers, dès qu'un espace se trouve dégagé de neige, qu'une fente de rocher fournit un abri contre les fortes gelées, des mousses et des lichens viennent tapisser de leurs ramuscules la pierre froide et nue. Les lichens se rencontrent dans les Alpes, entre les altitudes de

3,200 et 4,900 mètres, en nombre assez considérable. Les mousses s'avancent de 800 à 1,000 mètres moins haut que les lichens, et ne dépassent que de peu les derniers phanérogames. Dans l'Himalaya, la végétation est encore fort active à de grandes hauteurs : on lui trouve pour limite 19,000 pieds anglais. Là se montre plus complètement qu'ailleurs la frappante analogie des régions élevées et des contrées arctiques. Le printemps ne commence que fort tard, mais quelques semaines de chaleur suffisent à la plante pour accomplir les diverses phases de son évolution annuelle, et, bien que fleurissant plus tard que dans la vallée chaude et humide, le végétal achève déjà la maturité de son fruit, quand la fructification commence à peine à quelques milliers de mètres plus bas. C'est ce qu'a observé un habile naturaliste, Joseph Dalton Hooker, dans sa curieuse exploration du Sikkim, province comprise dans la partie méridionale de l'Himalaya. Il y a donc pour les végétaux, comme l'a établi M. Alphonse de Candolle, une véritable capacité calorifique. Ce n'est pas seulement de la moyenne de température estivale que dépend la période de végétation, mais de la somme de chaleur utile que reçoit le végétal.

Dans les régions montagneuses, les variations d'exposition et de configuration de terrain s'opposent malheureusement à ce qu'on puisse suivre les effets réguliers de la décroissance de l'altitude. Sur les Alpes, MM. Schlagintweit ont remarqué qu'en des lieux d'une même hauteur absolue, rien n'est égal, hormis la pression de l'air. Il y a des différences prononcées quant à l'état hygrométrique, à la température, d'où résultent pour la végétation des contrastes assez prononcés. Il est impossible d'assigner une limite absolue à la végétation arborescente et sous-frutescente, nécessairement subordonnée à des conditions variables. Ce sont cependant les cimes isolées qui peuvent fournir les données les moins arbitraires, et jusqu'à un certain point comparables.

Afin de saisir en quelque sorte la raison de la progression décroissante formée par les végétaux, MM. Schlagintweit se sont livrés à des observations attentives sur les tiges des pins, des sapins, des mélèzes, de toutes les essences en un mot qui caractérisent la végétation des montagnes, et qui appartiennent à la famille des conifères. Ils ont pris comme mesure les anneaux ligneux qui viennent chaque année grossir le diamètre du tronc, et dont le nombre permet d'apprécier l'âge de l'arbre. L'épaisseur de cet anneau varie suivant les espèces, mais il diminue généralement à mesure qu'on s'élève. La diminution s'observe surtout dans la seconde période de la vie de l'arbre, de cent à deux cents ans, parce que, à de grandes altitudes, la force végétative s'épuise plus rapidement, et que la période de vieillesse commence plus tôt. Dans les vallées profondes, pendant le second siècle de l'existence de l'arbre, l'anneau conserve encore une épaisseur notable qui dépasse même parfois celle du premier siècle. La croissance ne s'opère pas d'une manière régulière, car elle dépend naturellement de la température moyenne et estivale de l'année, qui subit des variations périodiques. Si l'on compare la croissance de l'arbre de dix années en dix années, on trouve des inégalités marquées ; mais si l'on procède par cycles de cinquante ans, on retrouve une égalité sensible jusqu'au moment où la vitalité s'affaiblit définitivement par suite de l'âge. Ainsi dans une période de cinquante ans s'accomplissent tous les changements atmosphériques qui peuvent accélérer ou ralentir la végétation, et les perturbations qui font croire à tant de gens que les saisons se dérangent se reproduisent à peu près les mêmes. Je parle ici des résultats généraux, car il est une foule de circonstances accidentelles et locales qui nous dérobent cette loi curieuse. Il y a ordinairement par périodes de dix ans un maximum et un minimum de croissance, lesquels diminuent nécessairement suivant les hauteurs, où cette différence moins accusée implique une végétation plus égale.

La nature du sol modifie encore sensiblement les lois générales de la végétation. Il faut en tenir grand compte quand on observe les végétaux aux différentes altitudes, « Ce ne sont pas seulement les expositions, les influences locales, écrit M. F. de Tschudi, qui influent sur la physionomie de la flore, mais encore la nature des roches. Autres sont les plantes qui poussent sur les blocs de terrains cristallins ou primitifs, autres sont celles des terrains calcaires schisteux, de la molasse ou du calcaire appelé *nagelflue*. » Il y a même des végétaux qui appartiennent exclusivement à telle ou telle nature de roche, en sorte que l'aspect des plantes révèle souvent la qualité du terrain qu'elles recouvrent. Les formes spéciales qu'affectent certaines roches déterminent des vallées, des terrasses, des escarpements, des aiguilles ou des cônes qui engendrent autant de systèmes particuliers de végétation spontanée et de propagation des espèces. L'eau, en se distribuant différemment selon la nature de la roche, répartit l'humidité dans des proportions qui agissent non-seulement sur les espèces, mais sur la durée du végétal, l'éclat des fleurs et la puissance de la tige. C'est ainsi que la flore calcaire des rochers et des terrains semés de blocs pierreux donne naissance à des formes plus élancées que la même flore dans les prairies, que les plantes qui poussent sur le carbonate de chaux dans les plaines se sèchent plus vite que celles qui viennent sur le schiste.

Il est donc indispensable de faire la part de toutes ces circonstances quand on veut évaluer la seule influence de l'altitude. L'eau, qui joue un si grand rôle dans la végétation, pénètre inégalement le sol suivant la constitution de celui-ci, elle le lave ou elle l'ameublit suivant qu'elle y est versée avec plus d'abondance ou de rapidité ; la violence des ondées auxquelles sont exposées certaines chaînes explique l'arrêt de développement de végétation qu'on n'observe pas à de plus hautes altitudes sur des pics isolés moins exposés à ces pluies diluviales. L'eau répandue en si grande abondance ravine la montagne sans rafraîchir le sol ; elle détermine dans les Alpes ces gonflements inopinés des torrents connus sous le nom de *runsen*, et dont M. F. de Tschudi nous fait une triste peinture. Les *runsen* sont en Suisse plus redoutés encore que les orages et les avalanches ; les flots gonflés se précipitent de toutes les pentes des rochers avec un bruit pareil à celui du tonnerre, et ce qui dans l'été se réduisait à un simple filet d'eau, s'échappant sur la pente, au milieu des cailloux, prend alors les proportions d'une immense cataracte. L'eau se tamise surtout dans le sol quand elle tombe par petites quantités, et qu'elle est reçue sur un lit de verdure par des couches de mousses ou de feuilles qui en distribuent lentement l'action bienfaisante et en arrêtent les épanchements violents. On comprend donc qu'à de grandes hauteurs les sources soient peu abondantes. MM. Schlagintweit leur assignent dans les Alpes, pour limite supérieure, une altitude de 2,500 à 3,000 mètres, et en certaines parties de la chaîne cette limite descend beaucoup plus bas. Dans l'Himalaya, elle s'élève considérablement, et M. J.-D. Hooker a rencontré à un mille au-dessous du grand glacier de Kinchinjhow, par une altitude de 4,876 mètres, une source chaude qui marquait 42 degrés centigrades.

L'eau n'est pas moins nécessaire aux animaux qu'aux plantes ; mais l'animal n'est pas fixé au sol, il peut aller chercher l'eau où elle se trouve, s'abreuver dans les torrents et aux bords des glaciers, il puise même dans l'atmosphère une humidité qui étanche en partie sa soif ; il se meut, et il lui est possible, en changeant de station, d'éviter ou d'adoucir l'action des extrêmes de température dont le végétal aurait à souffrir. Les animaux peuvent donc au moins momentanément s'élever plus haut que les plantes ; mais les espèces herbivores sont forcément ramenées de temps à autre vers la zone végétale qui leur fournit seule la subsistance. Leurs ascensions d'ailleurs ont aussi leur limite. Le chamois lui-même, le plus hardi et le plus agile des visiteurs des cimes alpestres, ne dépasse pas 3,000 ou 3,500 mètres ; le bouquetin ne se hasarde jamais aussi haut. Le renard se laisse entraîner parfois jusqu'à une hauteur de 3,300 ou 3,400 mètres à la poursuite des poules de neige ; l'ours se montre plus rarement à de pareilles altitudes. Les rongeurs sont, entre les mammifères, ceux qui habitent le plus haut. M. Charles Martins a rencontré sur le Faulhorn le campagnol des neiges [*hypudœus nivalis*] à une élévation de 8,550 pieds, et la demeure d'hiver des marmottes est souvent à plus de 8,000 pieds. Le reptile le plus alpestre, la grenouille, ne dépasse jamais la ligne des neiges, en-deçà de laquelle demeurent en général les lézards et les vipères. Quant aux poissons, s'ils trouvent dans l'abondance des lacs et des torrents un milieu plus propre à leur existence, la froidure des eaux est pour eux un obstacle analogue à celui que la basse température de l'air oppose aux animaux terrestres. Les truites sont à peu près les seuls poissons qui puissent vivre dans ces eaux glacées. Grâce à leur faculté d'exécuter des sauts, des bonds énormes, elles remontent les cataractes et franchissent des obstacles qui arrêteraient tout autre animal nageur. Deux variétés de la truite, celle des torrents (*salmo fario*) et la truite rouge (*salmo salvelinus*), se rencontrent encore au Saint-Gothard, à 6,409 pieds, dans le petit lac de Luzendro ; plus haut, la congélation perpétuelle des eaux s'oppose absolument à leur existence, et sur le grand Saint-Bernard, dans un lac qui est élevé de 7,500 pieds, on ne rencontre plus aucune trace de la faune ichthyologique.

Ce sont naturellement les oiseaux qui représentent la population des plus hautes altitudes. Dans les Andes le condor, dans les Alpes l'aigle et le vautour peuvent planer au-dessus des cimes les plus gigantesques. Ces animaux, organisés pour les plus longs voyages, sont les grands voiliers de l'océan atmosphérique, de même que les sternes et les pétrels sont les grands voiliers de l'Atlantique. Le choucas, cette espèce de corbeau d'un noir intense, qui a le bec jaune et les pattes d'un rouge vif, n'atteint pas de si grandes élévations dans l'atmosphère, mais il est par excellence l'oiseau des hautes cimes, celui de la région des neiges et des pitons stériles. On l'a rencontré au sommet du Mont-Rose et au Col du Géant, à plus de 3,500 mètres. Réunis par bandes dans les anfractuosités des montagnes, voltigeant le long des escarpements les plus abrupts, les choucas font entendre leurs bruyants croassements. Tout ce qui se dresse dans les airs et nous communique le vertige a pour ces oiseaux un attrait particulier : sapins gigantesques, clochers, vieilles tours, créneaux de châteaux-forts dominant les vallées, pinacles de cathédrales, pics isolés dont les escarpements plongent au fond d'effrayants précipices, aiguilles nues et dentelées, Voilà leurs demeures de prédilection ; c'est à ces hauteurs qu'ils établissent leur nichée. Véritables cénobites de l'air, condamnés comme ceux de la Thébaïde au régime le plus frugal et le plus austère, ils se plaisent dans la solitude, et semblent d'autant plus satisfaits qu'un plus grand espace les sépare de l'homme. »

Il est des oiseaux plus gracieux qui résident aussi dans la région des frimas et en animent quelque peu l'immobile et triste paysage. Le pinson de neige (*fringilla nivalis*) affectionne tellement cette froide patrie qu'il descend rarement jusqu'à la zone des bois. L'*accenteur* des Alpes le suit à ces grandes élévations ; il préfère la région pierreuse et stérile qui sépare la zone de la végétation de celle des neiges perpétuelles ; les uns et les autres s'avancent parfois à la poursuite des insectes jusqu'à 3,400 ou 3,500 mètres de haut.

La terre a ses oiseaux comme l'air. Certaines espèces ne se servent de leurs ailes que quelques instants, et quand la marche leur devient tout à fait impossible ; tel est le cas des gallinacés. La région des neiges a son espèce propre, comme elle a ses passereaux caractéristiques. Le lagopède ou poule de neige se rencontre en Islande comme en Suisse. Il s'élève bien au-dessus des frimas perpétuels et reste cantonné à ces grandes altitudes. En hiver, son plumage prend l'aspect des frimas au milieu desquels il vit. La neige lui est tellement nécessaire, qu'aux approches de l'été il remonte assez haut pour la trouver ; il y niche, il s'y roule avec délice ; il y creuse des trous pour se mettre à l'abri du vent, la seule incommodité qu'il redoute dans sa glaciale demeure. Quelques lichens, des graines apportées par les airs suffisent à sa nourriture ; il fait la chasse aux insectes, dont il nourrit ses poussins.

Les insectes sont en effet les seuls animaux qui pullulent encore dans ces régions déshéritées : c'est une nouvelle analogie avec les contrées polaires. Dans la zone tempérée froide, les coléoptères se présentent en plus grand nombre et avec une plus grande variété que dans les régions plus voisines de l'équateur. Dans les contrées subarctiques, les insectes, pendant les courtes semaines de l'été, se montrent en grand nombre. C'est également la classe des coléoptères qui prédomine dans les hautes régions des Alpes ; ils atteignent sur le versant méridional 3,000 mètres et 2,400 sur le versant opposé. On les découvre dans les trous, les petites anfractuosités ; ce sont presque constamment des espèces carnassières, car à une si grande altitude la nourriture végétale fait défaut. Leurs ailes sont si courtes qu'ils semblent en être complètement dépourvus ; on dirait que la nature a voulu les mettre à l'abri des grands courants d'air qui les entraîneraient infailliblement dans la navigation atmosphérique, si leurs voiles n'eussent été en quelque sorte carguées. En effet, on rencontre quelquefois d'autres insectes, des névroptères et des papillons, que les vents enlèvent jusqu'à ces hauteurs, et qui vont se perdre au milieu des neiges. Les névés, les mers de glace sont couvertes de victimes qui ont ainsi péri. On trouve leurs frêles cadavres répandus par milliers sur les glaces. Cependant il est certaines espèces qui bravent la région des frimas et s'élèvent librement jusqu'à des hauteurs de 4 ou 5,000 mètres. M. J.-D. Hooker a observé des papillons au Mont-Momay, à une altitude de plus de 5,400 mètres ; mais en aperçoit-on plus haut, ce sont des naufragés que le vent pousse malgré eux. Les arachnides, qui se rapprochent à tant d'égards de la classe des insectes, ont aussi le privilège de résister à la froide température des montagnes. Un insecte des Alpes presque microscopique, le *desoria glacialis*, habite exclusivement le voisinage des glaciers. Mais on dirait que la tristesse de leur séjour se réfléchit dans l'aspect de tous ces petits animaux : ils ne présentent plus la variété de teintes qui les caractérise ailleurs ; ils affectent tous une couleur noire ou sombre qui dissimule de prime abord leur présence dans les trous où ils se blottissent. À ces hauteurs, les habitudes des insectes se modifient selon les localités où ils vivent. M. P. Lioy, qui a tracé un aperçu philosophique des lois auxquelles obéit la nature organique et dont elle est la mobile manifestation, remarque que des insectes nocturnes dans les contrées de plaine deviennent diurnes dans les régions montagneuses. C'est qu'en effet les hautes régions reproduisent à certains égards les conditions des lieux bas pendant la nuit ; elles gardent, même après le lever du soleil, la fraîcheur et l'ombre que le soir donne seul dans les plaines.

Tel est le tableau de la vie animale dans ces zones alpestres où la faune se réduit graduellement pour ne plus laisser de place qu'à la solitude et à la désolation. Au-delà du dernier étage de la végétation, au-delà de l'extrême région qu'atteignent les insectes et les mammifères, tout devient silencieux et inhabité ; toutefois l'air est encore plein d'infusoires, d'animalcules microscopiques, que le vent soulève comme de la poussière, et qui sont répandus dans l'atmosphère jusqu'à une hauteur inconnue. Ce sont des germes nageant dans l'espace, qui attendent pour se fixer et devenir le point de départ d'une faune nouvelle l'apparition d'un autre soulèvement, d'un nouvel exhaussement du globe.

Ainsi le règne animal ne disparaît pas sans avoir pour ainsi dire épuisé toutes les organisations encore compatibles avec l'état du sol, de plus en plus refroidi et appauvri, avec celui de l'atmosphère, de plus en plus raréfié. Les oiseaux occupent comme les avant-postes de la grande armée d'êtres de toute espèce qui défend la montagne contre l'invasion de la mort. Les rapaces forment en quelque sorte les éclaireurs. Les passereaux, les grimpeurs et quelques gallinacés se rapprochent plus du gros de l'armée ; ils aiment à se tenir dans la région intermédiaire entre celle des forêts et celle des neiges perpétuelles. Les derniers sapins, les derniers buissons sont comme des échauguettes d'où ils observent l'atmosphère, prêts à descendre aux étages inférieurs si le temps menace, profitant de la moindre éclaircie, du plus léger adoucissement de la froidure pour s'élancer plus haut. Dans cette région moyenne, on n'entend sans doute pas les harmonieux accords de la fauvette ou du rossignol, mais le chant des espèces montagnardes respire encore la joie et le plaisir de vivre. M. de Tschudi nous trace en quelques lignes un délicieux tableau de l'existence des oiseaux dans la montagne. Je le traduis ici librement : « Un peu avant que le ciel ne se colore des premiers feux du matin, avant même qu'un léger souffle de l'air n'annonce rapproche du jour, quand les étoiles scintillent encore au firmament, ce sont les oiseaux qui donnent le signal du réveil de la nature. Un léger bruissement se produit le long des sapins, c'est une sorte de roucoulement dont les notes deviennent de plus en plus accentuées, dont le mouvement s'accélère par degrés, et qui finit par se transformer en un caquetage harmonieux, montant et descendant de branche en branche, comme l'archet du musicien passe des cordes les plus graves aux plus aiguës ; puis un bruit plus éclatant retentit tout à coup : les voix d'abord timides entonnent chacune leur air caractéristique ; chaque espèce fait entendre son cri, son sifflement plus ou moins perçant. Le doux et mélancolique nocturne a cessé ; c'est une aubade que la gent ailée donne au soleil qui vient réchauffer son humide demeure. »

Quelle douce impression ces observations du naturaliste ne communiquent-elles point à l'âme ! Comme la fraîcheur, la pureté de ces sensations ajoutent à celles de l'air ! Nous voudrions vivre un instant de cette existence aérienne dans cette zone intermédiaire assez verte encore pour qu'on y trouve un abri contre les ardeurs du jour et le froid des nuits, assez éclaircie pour que l'œil puisse découvrir le magnifique panorama des montagnes et plonger avec délices dans le firmament ; mais l'homme a été moins favorisé à cet égard que les oiseaux. Gravir une haute cime est toujours pour lui chose pénible : soit que l'air qu'il respire dans les lieux élevés contienne moins d'oxygène sous un volume donné et que la dissolution de ce gaz dans le sang s'opère plus difficilement sous une pression plus faible, soit que les mouvements répétés qu'entraîne l'ascension fatigue le système musculaire, nous éprouvons à de grandes hauteurs une accélération du pouls, une difficulté de respiration, des vertiges, des nausées, des saignements aux gencives et aux lèvres, enfin tout un cortège de fâcheux symptômes connus sous le nom de *mal de montagnes*. On a beaucoup discuté sur la véritable cause de ce phénomène pathologique ; il tient certainement en grande partie à la pression différente de l'air. L'homme n'a pas été organisé comme les oiseaux pour s'élever dans l'atmosphère en traversant des couches d'une densité différente. Les oiseaux sont en effet pourvus de sacs aériens qui communiquent avec les poumons comme avec l'intérieur des os, et remplissent une grande partie du corps de l'animal. Ces réservoirs constituent une sorte de pompe aspirante et foulante ; dans l'inspiration ils appellent et reçoivent l'air extérieur, dans l'aspiration ils en chassent une partie par la glotte ou les fosses nasales et poussent l'autre à l'aide du poumon dans des réservoirs antérieurs et postérieurs. Ces réservoirs font sans cesse passer dans le poumon un air dont la pression est toujours en rapport avec les changements de volume qu'ils subissent, en sorte que la surface respiratoire et ses nombreux vaisseaux sont chez l'oiseau comme séparés de l'atmosphère qu'il traverse à tire-d'aile ; il échappe donc ainsi en partie à l'action de la pression variable de l'atmosphère. Une disposition analogue se présente chez les insectes. Ces petits animaux sont pourvus de trachées communiquant avec l'air extérieur par des stigmates qui peuvent se fermer au gré de l'animal. Il en résulte pour eux la faculté de résister à l'influence du vide pneumatique, des gaz délétères, et même de l'immersion dans l'eau.

Ces considérations que je puise chez un de nos plus célèbres physiologistes, M. Longet, expliquent la difficulté que nous éprouvons à supporter une ascension rapide et continue. Heureusement le mal des montagnes n'implique pas une incompatibilité absolue des hautes régions avec la vie humaine. Les troubles que nous ressentons tiennent surtout à ce que le changement s'opère d'une manière trop brusque ; un certain laps de temps est toujours nécessaire pour que l'équilibre entre les gaz du sang et les gaz extérieurs puisse complètement s'établir, pour que les mouvements plus actifs de la respiration se mettent en harmonie avec les conditions nouvelles, de telle manière que le poumon absorbe dans un temps donné la même quantité d'oxygène qu'exige l'état normal. On s'acclimate aux grandes hauteurs comme on s'acclimate dans des contrées qui semblaient trop chaudes, trop humides ou trop froides pour que l'homme y pût vivre. La ville de Quito, placée à 2,908 mètres au-dessus du niveau de la mer, renferme une nombreuse population qui ne parait pas souffrir de cette altitude. Une autre ville des Andes, Potosi, est à 4,166 mètres, et contint jadis plus de cent mille âmes. Après que Saussure fut resté quinze jours au sommet des Alpes, son pouls reprit son mouvement normal, et Boussingault, après un séjour prolongé dans les villes des Andes, put aisément supporter la basse pression de la cime du Chimborazo. Il y a donc des précautions à prendre si l'on veut impunément se transporter dans les hautes régions, où, une fois établis dans des conditions convenables, il nous devient possible de vivre : il ne s'agit que d'habituer graduellement notre économie aux changements barométriques de l'atmosphère.

Section III

Ce qu'on vient de lire sur la condition physique des hautes montagnes indique dans les régions élevées du globe une prédominance de plus en plus marquée des phénomènes atmosphériques sur les phénomènes purement terrestres. La présence des masses montagneuses modifie encore sensiblement la marche des choses ; mais l'influence du mouvement apparent du soleil, du rayonnement de la chaleur dans l'espace, est de moins en moins contrariée par les causes locales ; une sorte d'équilibre tend à s'établir, et pour apprécier l'ensemble des phénomènes, il n'est plus nécessaire de tenir compte d'un aussi grand nombre d'accidents. La vie s'éteint de plus en plus ; chaque étage nouveau accuse un plus grand appauvrissement de la faune et de la flore. L'absence d'oppositions dans l'état atmosphérique, la tendance vers la saturation qu'offre l'atmosphère ne donnent plus aux tissus organiques le ressort, qui leur est nécessaire. Le sol manque aux végétaux, les végétaux manquent aux animaux ; le froid fait souffrir les uns et les autres. Des vents violents enveloppent et renversent celui qui se hasarde à gravir les plus hautes cimes ; une couche de glace de plus en plus épaisse s'étend sous ses pas ; le voyageur y marche en trébuchant ou s'y enfonce.

Tout montre donc que les destinées de notre espèce appartiennent à de moindres altitudes. C'est dans les contrées chaudes et basses, aux bords de l'Euphrate, du Nil, de l'Indus, du Gange et du Hoang-Ho que la civilisation s'est développée aux plus anciennes époques.

Alfred Maury

La tradition représente le premier séjour de l'homme non comme un nid d'aigle d'où la société est descendue pour aller butiner et plus tard s'établir dans la plaine, mais comme un fertile jardin arrosé par quatre fleuves, et les fleuves n'appartiennent pas à la région des montagnes. Ces régions ont au contraire été longtemps pour l'homme un séjour d'horreur et d'effroi ; les Grecs en faisaient la demeure de Borée et d'Aquilon, une sorte de lieu d'exil et de punition ; au dire des poètes, c'était au sommet du Caucase que le genre humain coupable, personnifié dans Prométhée, avait été enchaîné par la colère de Jupiter. Ce n'est qu'à une époque fort moderne qu'on s'est familiarisé avec les hautes montagnes, que l'on a été saisi pour elles d'amour et d'admiration. Les Romains étaient restés insensibles aux beautés naturelles de l'Helvétie ; ils ne voyaient dans cette partie des Gaules que d'horribles *saltus*, que le triste repaire d'un peuple déshérité par le destin. Il n'y a pas deux siècles qu'on visite la Suisse par plaisir et par enthousiasme pour l'effet pittoresque de ses montagnes. C'est vainement qu'on chercherait dans les auteurs du moyen âge une complaisante description de tant de beautés et de scènes imposantes. L'élan religieux, si puissant à cette époque, n'allait point au-delà des clochers et des tours des cathédrales ; quant à la nature, à quelque hauteur qu'elle eût amoncelé ses ouvrages, nul ne pensait qu'elle pût élever aussi l'âme vers Dieu.

La plaine, voilà donc la vraie demeure de l'homme, celle qui lui assure la richesse, l'aisance et le progrès. C'est dans les pays plats, dans les vallées basses et ouvertes, que l'agriculteur trouve pour ses travaux le plus de facilité, qu'il obtient des récoltes plus abondantes, qu'il les voit moins exposées aux intempéries et aux catastrophes. Il ne rencontre pas en ces lieux d'obstacles pour se rendre d'un point à un autre, et la facilité de communication amène un échange plus fréquent d'idées et de denrées. Rien ne s'y oppose à l'extension indéfinie des villes, tout y est préparé comme à l'avance pour les merveilles de l'industrie et les splendeurs des arts ; mais dans ce séjour, où la vie coule si facile et si égale, l'homme s'énerve et se corrompt, les générations s'affaiblissent et finissent par s'éteindre. Aussi est-ce un courant perpétuel de populations qui descendent de la montagne dans la plaine. Sans cesse de nouvelles familles de montagnards viennent prendre la place des familles éteintes et régénérer par l'infusion d'un sang plus vigoureux une race qui s'étiole ou perd graduellement son énergie. Tel est le spectacle que nous présente l'histoire. Les sociétés civilisées ne pourraient se suffire à elles-mêmes sans cette immigration ; elles se déshabitueraient dans le bien-être du rude labeur des champs et des épreuves par lesquelles l'homme doit passer pour retremper ses forces et son caractère. Quand la première civilisation, qui s'était développée aux bords de l'Euphrate, sentit les atteintes d'une caducité précoce, les montagnards de la Chaldée descendirent en Mésopotamie et y dominèrent. Les Mèdes, venus du versant méridional du Caucase, jouèrent plus tard le même rôle. La conquête dorienne, l'invasion des populations gauloises dans la plaine du Pô, celle des habitants des forêts montagneuses de la Germanie dans les pays plats du nord de la Gaule, l'établissement des Mandchoux dans la Chine, aussi bien que celui des tribus de l'Asie centrale dans les plaines du Gange et de l'Indus, reproduisent à des époques diverses le même phénomène historique. De là l'opinion que les hauts plateaux ont été les premiers habités, que c'est au sommet des montagnes que l'homme avait sa primitive patrie. L'examen des lieux nous prouve au contraire que les destinées de l'humanité l'appelaient dans les contrées plus basses, et que là seulement l'homme a pu trouver un libre essor à ses facultés.

Si ces contrées où le relief du sol se résout dans d'imperceptibles ondulations offrent à la société des conditions de bien-être et de progrès qu'on ne trouve pas ailleurs au même degré, elles sont uniformes comme l'état social vers lequel tend l'humanité. Tout y semble petit et monotone comme l'œuvre de l'homme ; rien n'y fait ressortir les grands effets de la création dont les hauts lieux gardent l'ineffaçable empreinte. Dans les plaines, l'esprit humain règne seul, et seul se laisse apercevoir ; on ne rencontre que l'œuvre de nos mains ou le produit de nos efforts sur la nature. Dans les contrées de montagnes, c'est cette nature qui apparaît à son tour, et nos ouvrages infimes sont écrasés par la majesté et le grandiose qui les environnent. Tout est varié, tout est opposition et contraste ; chaque coin de rocher, chaque cime, chaque pente, chaque ravin a sa physionomie propre, son cachet particulier d'élégance et de grandeur. Aussi ces régions sont-elles la terre promise des physiciens, des naturalistes, le théâtre d'une foule d'observations qui s'offrent d'elles-mêmes, et dont nous n'avons pu donner qu'un bien imparfait résumé.

Quelque ravissante que soit une de ces fêtes où notre esprit s'épuise en raffinements et en inventions de toute sorte, quelque attachante que semble une de ces conversations, un de ces entretiens de salon où l'esprit se joue à travers mille sujets, provoque toutes les impressions et les fait revivre ensuite par une analyse délicate, quelque satisfaisants que soient pour notre orgueil les chefs-d'œuvre de l'art et du goût, les sensations que tant de plaisirs nous font éprouver n'égalent jamais en force, en plénitude, en imprévu la nature vierge, la vue des montagnes. Nul spectacle ne renferme des enseignements plus salutaires, plus féconds, et n'invite davantage l'âme à descendre en elle-même pour s'élancer ensuite vers les régions d'une éternelle sérénité. Lorsque, fatigués de cette atmosphère des villes sans cesse respirée, nous ouvrons la fenêtre et apercevons dans le lointain les étages successifs des montagnes formant à l'horizon comme le premier degré des nuages, il nous semble que nous retournons aux joies pures de nos premières années, et que nous faisons de la nature, un instant obscurcie, une nouvelle découverte.

ISBN : 978-1548272630